Sitzungsberichte
der Heidelberger Akademie der Wissenschaften
Mathematisch-naturwissenschaftliche Klasse
Jahrgang 1928. 18. Abhandlung.

J. H. Lamberts und A. G. Kaestners Briefe aus den Gothaer Manuskripten herausgegeben

Von

K. Bopp
in Heidelberg

Vorgelegt am 3. November 1928

Berlin und Leipzig 1928
Walter de Gruyter & Co.
vormals G. J. Göschen'sche Verlagshandlung / J. Guttentag, Verlagsbuchhandlung / Georg Reimer / Karl J. Trübner / Veit & Comp.

J. H. Lamberts und A. G. Kaestners Briefe.

Am 29. August 1928 beging die wissenschaftliche Welt festlich den Tag, wo vor zweihundert Jahren JOHANN HEINRICH LAMBERT geboren wurde.

In der Geschichte zweier Wissenschaften ist sein Name unsterblich geworden. So dürfen wir hoffen, daß die hier erstmals edierten Briefe mit einem nicht minder bekannten Zeitgenossen gewechselt das Bild ihrer Beziehungen erweitern werden. Der briefliche Austausch mit A. G. KAESTNER, dem „Lehrer Deutschlands", knüpft an einen Besuch LAMBERTS in Goettingen an im September 1757, worauf sich die Stelle im beigegebenen Referat KAESTNERS über LAMBERTS „Routes de la lumière" bezieht: „Die Goettingische hohe Schule nimmt an dieser Ehre desto mehr teil, da er sich vor ein paar Jahren mit den Herren von Salis daselbst aufgehalten, während dieser Zeit beständig den Zusammenkünften der Kön. Gesellschaft der Wiss. beygewohnt hat und jetzt Correspondent dieser Gesellschaft ist." Das war bald nach KAESTNERS Amtsantritt in Goettingen (Ostern 1756) und im siebenjährigen Krieg während der ersten Besetzung Goettingens (16. Juli 1757 bis 28. Februar 1758) durch die Franzosen. Die geistige Signatur der Briefe ist die der Aufklärungsepoche, wie wir sie im III. Kapitel von CONRAD H. MÜLLERS Studien zur Geschichte der Mathematik an der Universität Goettingen im 18. Jahrhundert so trefflich dargestellt finden. Auf sie können wir für die Briefe hinweisen, wie auf den IV. Band von CANTORS Vorlesungen und A. G. KAESTNERS Selbstbiographie und Verzeichnis seiner Schriften, herausgegeben von RUDOLF ECKART, Hannover (Ernst Geibel). Durch den Fortgang des siebenjährigen Krieges erfährt die Korrespondenz eine Unterbrechung, zieht sich aber nach LAMBERTS Fixierung an der Akademie Friedrichs des Großen bis zwei Jahre vor LAMBERTS Tod im Jahre 1777 hin. Gleich in der mündlichen Unterredung der beiden großen Gelehrten wird die Vernachlässigung kleiner imaginärer Größen besprochen im Verfolg von KAESTNERS Arbeit De lege continui, Lipsiae 1750 (s. C. H. MÜLLER S. 66). Der Ausspruch KAESTNERS im Briefe vom 26. Juli 1770 „Que Frederic seroit grand s'il vouloit être Allemand" erklärt sich aus der von C. H. MÜLLER S. 72 angeführten Tatsache, daß KAESTNER seit 1762 Ältester der deutschen Gesellschaft in Goettingen war und als solcher sich große

Verdienste um die Ausbildung der deutschen Gelehrtensprache erworben hat. Von weiteren Einzelheiten wollen wir nur noch das allgemeine Urteil Lamberts über Kaestners Lehrbücher und deren geschichtliche Stellung betonen im Briefe vom 1. Mai 1770, das sich so trefflich mit dem von K. Chr. von Langsdorff über Kaestners Anfangsgründe der höheren Mechanik und der Hydrodynamik (bei C. H. Müller S. 75 wiedergegeben) deckt. Und endlich die Wertung des frühverstorbenen Kaestnerschülers Seiberth, der hier für die Geschichte besonders der Versicherungswissenschaft geradezu wiedergewonnen wird.

Inhaltsübersicht.

I. Billet von Kaestner an Lambert: Buch von Sturm, Katalog von Kaestners Arbeiten.

II. Kurzer Brief von Kaestner an Lambert vom 30. September 1757: Das Irrationale in konvergenten unendlichen Reihen, das irrationale unendlich Kleine. — Hier fehlt offenbar ein Billet Lamberts von demselben Tage, denn von diesem ist auch datiert:

III. Kurzer Brief von Kaestner an Lambert: Er nimmt das Anerbieten eines Spaziergangs an zur Unterhaltung über Reihen, offeriert Lambert ein Exemplar seiner Optik.

IV. Brief Lamberts vom 24. Juni 1758, angelangt am 31. März 1759: Begleitbrief zu den „Routes de la lumière" fehlt!

V. Brief Kaestners an Lambert: Klage über das späte Eintreffen der beiden Exemplare der „Routes de la lumière", dieser vom 14. Mai 1759 datierte, am 29. Juli 1759 angekommene Brief ist wegen Lamberts wechselnden Aufenthalts zur Leipziger Messe gegeben. Problem V des II. Buches von Clavius' Geometria practica.

VI. Brief Lamberts an Kaestner vom 26. März 1760: Begleitbrief zur Photometrie und zur Perspektive: Berichtigung der Rezension von Kaestner der „Routes de la lumière", Einzelheiten aus der Photometrie, Gleichung 6. Grades für die Kometenbahnen, Plan einer kleineren Sammlung von Arbeiten, der späteren „Beyträge". [Ein Referat über die Photometrie von Lambert ist vom 2. Oktober, eines zur Perspektive vom 6. Oktober 1760 datiert.]

VII. Kaestner an Lambert vom 27. August 1760: Entschuldigung seiner Schreibfaulheit, Hinweis auf das Problem aus der praktischen Geometrie. Er hat Lamberts ersten Brief in den Goettinger Anzeigen abdrucken lassen. Grüße an die Schweizer Gelehrten.

VIII. Brief Lamberts an Kaestner, 24. Mai 1761: Er hat die etwaige Rezension Kaestners der Photometrie noch nicht zu Gesicht bekommen; seine fertigen Schriften will er jetzt in die Abhandlungen der Churbayerischen Akademie geben, welche ihn zum Honorarprofessor mit Pension und frei zu wählendem Aufenthalt ernannt hat. Begleitbrief zu den „Orbitae cometarum" und „Lettres cosmologiques". Er ersucht Kaestner um eine Anzeige. [Ein Referat über die „Lettres" ist vom 21. September 1761.]

IX. Brief Lamberts an Kaestner, 24. Januar 1764 (das M. S. befindet sich bei einem Briefe an Segner). Schreiber beklagt sich über die im Briefwechsel eingetretene Pause; Ursache ist der Krieg. Er befindet sich seit vierzehn Tagen in Brandenburg, erzählt von den der Bayerischen Akademie durch die Jesuiten gemachten Schwierigkeiten. Er gibt Details aus der Einleitung zum „Novum Organum" und seiner Bezeichnung der Schlußfiguren, bittet um eine Anzeige davon und der Photometrie. [Die logischen Ausführungen gedruckt 5. März 1764.]

X. Kaestner an Lambert vom 15. Oktober 1765. Er habe sich für zwei Briefe zu bedanken und für die schönen Arbeiten, über die er referieren will. Rencontre mit einem Herrn de Sonntag in Berlin wegen einer Rezension. Bezugsbedingungen der Goettinger Anzeigen.

XI. Brief Kaestners an Lambert vom 13. Dezember 1769, angekommen 9. März 1770. Er beklagt den Tod des jungen Gelehrten Seyberth, bespricht Lamberts Abhandlung über den Magneten, gibt Auskunft über die in Unordnung befindlichen M. S. Mayers aus Goettingen.

XII. Antwort Lamberts auf diese beiden Briefe an Kaestner vom 1. Mai 1770: Seyberth hatte ihm eine Korrespondenz über Fragen der Wahrscheinlichkeitsrechnung angeboten. Bedankt sich für den VI. Band von Kaestners Elementen der Mathematik und über dessen Eloge von Leibniz sowie über den V. Band, den er sehr lobt. Es fehlt ein Elementarbuch der Mechanik, er selbst hat vor vier Jahren deren Beweise geprüft, welche in seinen „Beyträgen II" erscheinen sollen. Beschreibung der Mayerschen Mondtafeln, dessen Experimente über den Magneten und Farbenmischung. Eloge von Leibniz und Preisarbeiten der Berliner Akademie.

XIII. Kaestner an Lambert vom 26. Juli 1770: Er übersendet die Dissertation Seyberths über den Nutzen der Mathematik in den juristischen Wissenschaften. Elogium Seyberths. Lambert ein hochgeschätzter Richter über Kaestners Arbeiten. Tadel wegen der vielen Berechnung von Tafeln. Äußerung über Friedrich den Großen, gratuliert Lambert zum Oberbaurat. Hells Beobachtungen. Wiederum Mayers Experimente.

XIV. Brief Lamberts an Kaestner vom 30. September 1770: Dank für Seyberths Arbeit, vergleicht sie mit Süßmilch, Eulers Anteil an des letzteren Tafeln. Lamberts Absterbegesetz analog der Entleerung eines wassergefüllten Zylinders oder der Erwärmung und Erkaltung eines Körpers. Außer Kritters Schriften gibt es nur schwache Leistungen auf diesen Gebieten; er rechtfertigt die Berechnung seiner Mondtafeln, Vergleich mit den in London erscheinenden. Seine „Zusätze". Anerbietungen für Teilerberechnungen, hyberbolischer Logarithmen der Primzahlen auf 25 Dezimalen. Hyp. Magnet im Erdinnern. Russische Beobachtungen des Venusdurchgangs. Anzeigen seiner numerischen Tafeln.

XV. Brief Kaestners an Lambert vom 7. Oktober 1770 (angekommen nach 14. Januar 1771): Übersendet seine Dissertationes Mathematicae. Rezension von Lamberts „Sur la figure de l'Océan", Zweifel über die Anwendbarkeit der hydrographischen Kartographie.

XVI. Brief Lamberts an Kaestner vom 20. April 1771: Dank für die Dissertationes mathem. et physicae, Altenburg 1771, und Kaestners Schrift: „Ob die Physik Begriffe von der göttlichen Gerechtigkeit gibt", Goettingen

1770. Referat Hallers und Anwendung der Merkatorprojektion in seiner Schrift: „Sur la figure de l'Océan". Großartige Konzeptionen über die Grenzen von Mathematik und Philosophie.

XVII. Brief Lamberts an Kaestner vom 3. März 1772: Kalmars Plan einer Universalsprache, sein Buch: „Praecepta grammaticae atque specimina linguae philosophicae universalis", Berol. 1772, 4°. Dank für Kaestners Schrift über Tycho de Brahes Wahlspruch, 1771, und den Band: Deutsche Schriften von der kgl. Societät der Wissenschaften mit Abhandlungen Kaestners 1771; er kündigt den III. Teil seiner „Beyträge" an.

XVIII. Brief Kaestners an Lambert vom 6. Mai 1772: Dank für Kalmars Grammatik. Die Rezension hat nun ein Philologe übernommen. Kritik an Kalmars Zeichen. Wenn V Leben bedeutet, muß $-V$ Tod heißen. Unmöglichkeit einer philosophischen Universalsprache. Ankündigung des 2. Bandes seiner Vermischten Schriften.

XIX. Brief Lamberts an Kaestner vom 20. Oktober 1772: Er bedankt sich für den 2. Band von Kaestners Vermischten Schriften, hofft, daß „Beyträge" II in dessen Hände gelangt sind. Tobias Mayers Farbenmischungshypothese. Versuche Leonardo da Vincis, sein Mangel der Kombinatorik. Mayers Dreiecke, Lamberts analoge Farbenpyramide. Kalmars Charaktere nochmals, Leibniz' geplante Universalsprache. Ironie gegen Hells Barometervorausberechnungen. Tempelhoffs Übersetzung der „Routes de la lumière".

XX. Brief Kaestners an Lambert vom 20. April 1774: Lamberts Verdienste um die Berliner Ephemeriden. Konkurrenz Hells. Lambert erhält gleichzeitig den 2. Band von Kaestners astronomischen Abhandlungen.

XXI. Brief Kaestners an Lambert vom 1. Oktober 1775: Begleitbrief zu zwei Exemplaren einer nicht näher bezeichneten Arbeit.

Kaestner an Lambert.

I.

Monsieur,

Voici le livre de Sturm, où se trouve p. 181 la demonstration sur le cercle dont nous avons parlé hier. Voici aussi un catalogue de mes ouvrages, s'il y a parmi les cahiers quelqucs uns qui Vous manquent encore, je me ferai un plaisir de Vous les envoyer, pourvu que ce ne soient pas des plus anciens dont je n'ai plus d'exemplaires de reste.

Etant

Monsieur

Votre favb. et très obeiss. serv.

Kaestner.

Es handelt sich um Sturms Mathesis enucleata. Vgl. für diese beiden Briefe den Brief Lamberts an v. Holland vom 10. Januar 1768.

II.

Monsieur! 30. Sept. 1757.

Il est bien vrai qu'une quantité irrationelle qui se trouve facteur des termes d'une suite convergente deviendra toujours moins et moins considerable, à mesure que ces termes deviennent plus petits. Mois je soutiens toujours, que si la loi de cette suite est telle, que chaque terme contienne quelque chose d'irrationel, cette irrationalité ne s'evanouira jamais, quelque petit que devienne cette partie irrationelle. Sur l'infini je suis tout à fait pour le sisteme de M. Mac Laurin un peu different de celui des calculateurs et de ceux qui ne se donnent pas la peine d'aprofondir les principes de leurs calculs: Une suite infinie n'est qu'une approximation continuelle à une certaine valeur (Suposé qu'elle soit convergente), elle n'atteint jamais cette valeur et il lui faut toujours un supplement quelque petit qu'il soit; et si ce supplement est irrationel ou imaginaire la suite sera telle quelques puissent être ses autres termes. C'est de cette seule maniere qu'il me paroit concevable que p. e. $\sqrt{a^2 - x^2}$ puisse s'exprimer par une suite des terms rationels. Les termes quelque nombre qu'on en prenne, ne donnent jamais $\sqrt{a^2 - x^2}$

exactement il faut toujours ajouter le supplement, qui sera irrationel, et même impossible si $x > a$; on peut negliger ce supplement, quand on ne desire qu'une valeur approchante de $\sqrt{a^2 - x^2}$ pour la pratique; mais il faut le considerer si l'idée de toute la suite doit être substituée à l'idée $\sqrt{a^2 - x^2}$. D'ailleurs comme tous les termes de cette suite restent possibles dans le cas $x > a$, une suite infinie de termes possibles donneroit un impossible. Des impossibilités evanouissantes sont toujours des impossibilités qu'on ne neglige sans erreur. Voyés en un exemple dans une dissertation de M. Euler Mem. de l'Acad. de Prusse 1749 pag. 103 sqq. Je serois trop importun si je Vous envois sur ce sujet à present une lettre plus longue, mais je me trouverai toujours honoré des Votres, et je vous prie de me conserver toujours Votre amitié etant avec infiniment d'estime

Monsieur

Votre tres humble

G. ce 30 du Sept. 1757.

Serviteur

Kaestner.

Billet.

III.

Monsieur!

Quelque peu que Vous aiés besoin de Vous entretenir avec moi sur le sujet des suites possedant Vous même assés de lumiere pour discuter cette question à fond, j'accepte avec plaisir tout ce qui me promet l'honneur de Votre compagnie et je Vous laisse le maitre de me voir demain à telle heure avant midi ou après midi jusqu'à 3^{h} qu'il Vous conviendra: Je supose que l'assemblée de la Societé se tiendra demain, c'est à cause de cela que je mets ce terme de 3^{h}.

Je ne sais pas si mon optique contiendra beaucoup de nouveau pour Vous: Le libraire le vend pour 3½ ecus; mais j'ai un exemplaire de reste que je laisserois pour 2½ ecus à celui qui le vouloit prendre l'aiant eu moimême pour ce prix là du libraire. Cependant je ne suis rien moins que pressé de m'en defaire et Vous avez l'entier liberté de me faire souvenir de cet avis ou de l'oublier. Je suis

Monsieur

G. ce 30 du Sept. 1757. Votre tres humble Serviteur

Kaestner.

Fehlt noch Brief IV vom 24. Juni 1758 (Begleitbrief zu den Routes de la lumière.)

Kaestner an Lambert.

V.

Monsieur

Votre lettre du 24 Juin 1758 ne m'a eté rendue que vers le dernier jour du Mars 1759; dans un paquet tout dechiré avec deux exemplaires de Votre ouvrage; c'est un voiturier qui me l'a aporté; peut être que Vous en avés chargé quelqu'un qui ne s'est pas trop bien appliqué à executer Vos ordres. C'est seulment pour m'excuser que Vous ne recevés pas ma reponse plutôt. Dans l'incertitude ou j'etois ou je devois adresser ma lettre à l'heure qu'il est je resolus l'a rendre à la foire de Leipzig. Je Vous remercie pour Votre bel ouvrage, dont je parlerai avec les eloges qui lui sont dûs. Les theoremes que Vous voulés bien me communiquer sont tels importants, et ce sont des decouvertes dignes de Vôtre genie. Voici le problême V du II livre de la Geom. Pr. de Clav.

Ex vertice *G* montis aut turris *GF* altitudinem ipsius *GF*, si in plano cui insistit spatium aliquod *ED*, e directo mensoris notum sit, deprehendere.

Sol. On mesura les angles *EGF*, *DGF*; moiennant un quart de cercle. Alors en appellant $EGF = \varphi$, $DGF = \pi$, on dira tang φ — tang $\pi : \nu = DE : GF$; ou bien puisque $D =$ compl. π; $E =$ compl. φ; on dira

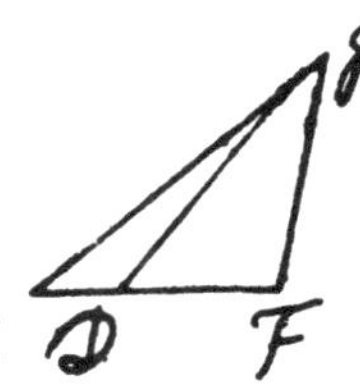

$$\sin(\varphi - \pi) : \cos\varphi = DE : DG$$

[ν = Sinus totus] $\quad \nu : \cos\pi = DG : DF$

$$\nu \sin(\varphi - \pi) : \cos\varphi \cos\pi = DE : DF.$$

Ce sont les deux solutions de Clavius. Il est claire que ce probleme renferme pour ainsi dire virtuellement une ligne de Station *DE*. On peut former beaucoup de problemes semblables. En voici un qui avec sa Solution me fut donné quelque jour par mon beaufrère qui ne se pique de rien moins que d'etre un Clavius: Soit *A* une fenêtre d'une maison dont la hauteur soit *AB*, soit *DC* une tour vis à vis de cette maison qu'on mesure les angles *CAB*; *DAB*; et la hauteur *AB*, on aura *DC*; ce que semble aussi se faire d'une seule station; mais il est clair que la veritable ligne de station est *AB*; et qu'on sait l'angle droit *DBA* sans l'avoir mesuré.

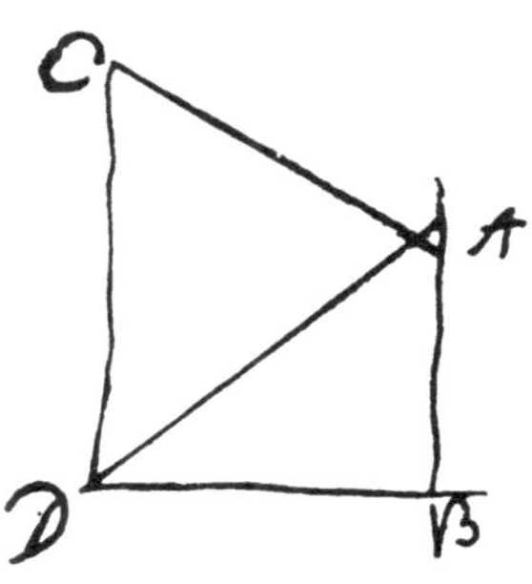

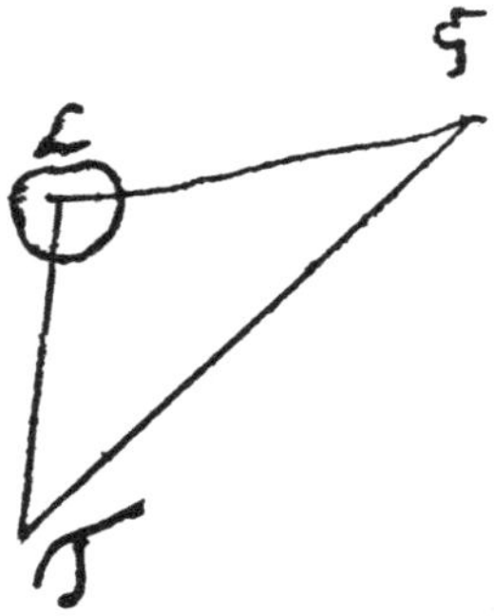

C'est à peu près le cas de la maniere de Vendelin pour trouver la distance du soleil TG; L etant la lune; ou l'on fait l'angle $TLG = 90^0$, la lune etant dans la quadrature de sorte qu'on n'a que mesurer l'angle T et la distance TL.

Vous comprenés que partout il y a deux stations qu'on emploie reellement, quoiqu'on ne sorte de celle qu'on occupe. Voici un probleme que Schwenter resout dans sa geometrie pratique. Soit A un objet dont je cherche la distance du point C ou j'ai placé la planchette; et s'on plante deux batons B; D; dans une ligne droite avec A; qu'on tira sur la planchette, des lignes de C vers A, B, D; qu'on prenne pour les dernieres Cb, Cd; proportionnelles aux CB; CD; qu'on peut mesurer; alors db coupera CA vers a de sorte qu'il est $Ca : Cb = CA : CB$; de cette maniere on trouve CA veritablement d'une seule station, mais en mesurant d'autres lignes CB, CD; cette maniere, qu'on peut aussi appliquer à trouver une distance inaccessible, est aussi susceptible des calculs trigonometriques. Un professeur à Coburg Ehrenberger l'a expliqué dans quelques programmes: de novis problematibus geodaeticis.

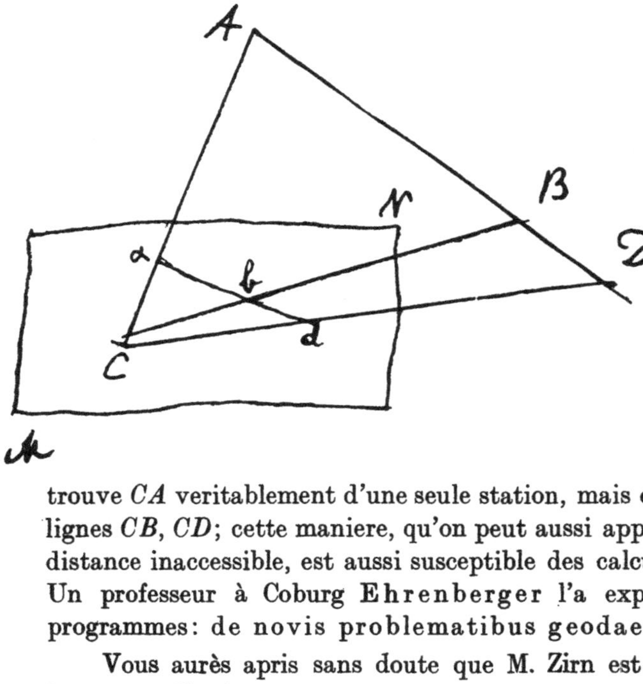

Vous aurès apris sans doute que M. Zirn est mort. Je suis avec beaucoup d'estime

Monsieur
Vôtre
tres humble serviteur
Kaestner.

Göttingen
ce 14 du may 1759
Ms. S. Gessner, Holmann, Maier, Lowiz Vous font faire leurs compl.
Reçue 1759 Juli 29.

VI.

Augsbourg ce 26. Mars 1760.

A. Ms. Kaestner à Goettingue.

Il est juste Mons. de ne point differer de Vous mettre à même d'examiner les détails de ma Photometrie après les eloges que Vous avez bien voulu faire preceder à son Impression. L'exemplaire c'y joint de même que celui de ma Perspective, que je Vous avois promis, est un tribut, que je Vous dois par Obligation pour Vos bontés et par Estime pour Vos merites. J'ai cru pouvoir Vous les faire parvenir et plus vite et plus surement par la voie de Francfort que par celle de Leipzig, mais Vous m'obligerez de m'en accuser la reception. Dans l'extrait que Vous avez fait de Routes de la lumière, il y a un petit faut du § 15 au § 73, qui envelope une contradiction. Si elle ne doit servir que de paradoxe, pour exciter les lecteurs, les 46 pages, que Vous mettez au lieu de 116 serviront a faire venir le livre par la poste. Jusques là il n'y a point de mal à cela, Mais je crois que l'extrait auroit encore renfermé quelques autres détails si Vous aviez eu le tems de le faire incontinent après la Lecture du Livre.

Je n'abandonne point encore les § 14. 15. 21. 22. 23. 26. 27. 75. 84. 134. il me semble que la supposition que toutes les couches sont circulaires et concentriques emporte encore d'autres theorêmes et qu'il y a apparence que cette condition ne demandera que deux ou trois refractions données pour en trouver toutes les autres moiennant une formule finie.

C'est ainsi qu'en retenant les mêmes lettres que § 59 on peut faire

$r = P \sin \gamma$, ce qui donne

$dz = dr : \sqrt{\nu\nu - vv} = \sin \gamma dP : \sqrt{\nu\nu - PP \sin \gamma^2}$

d'où l'on tire

$\sin^2 \gamma = dz^2 \,.\, \nu^2 : (dz^2 \,.\, P^2 + dP^2)$.

Or en descendant aux secondes differentielles, on aura une equation independente de l'angle γ. Mais il faudroit en pouvoir remonter à la premiere de la façon que je l'ai souhaité § 84 et que Vous l'avez faite sur les equations cubiques d'après les Mathematical Lucubrations de Landen.

Je viens de reduire à une Equation du 6e degré le Problême de trouver l'orbite parabolique d'une Comête moiennant trois observations. Elle se fonde sur diverses belles proprietés de la route parabolique et sur une supposition tolerable, qui se rectifie d'elle même quand on a franchi le premier pas c'est à dire quand on emploie cette equation sans tâtonner.

Avant que de recommencer un plus grand ouvrage, je vais donner au public une des pièces detachées qui serviront à completter plusieurs Chapitres des differentes partis des Mathematiques et de la Physique.

Beilage
zum Briefwechsel zwischen Kaestner und Lambert.

Im 135. Stück der Göttinger Anzeigen vom 10. November 1759 findet sich folgende Besprechung Kaestners von Lamberts erstem Werk, den „Routes de la lumière“.

G. Scheurleer und Comp. haben verlegt: Les proprietés remarquables de la route de la lumière par les airs, et en general par plusieurs milieux refringens, spheriques et concentriques e. c. par J. H. Lambert 46 Oktavseiten, 2 Kupfert.

Die Brechung des Lichtes durch concentrische sphärische Mittel von verschiedener Dichte, hat zwar die Mathematikverständigen schon beschäfftiget, aber man hat durch die bisherigen Untersuchungen eben noch nicht viel brauchbares und sicheres gefunden. Herr L. ist daher einen neuen Weg gegangen. Er fängt von einer Anwendung des Satzes an, dass die Brechung einerley ist, ein Strahl mag aus einem Mittel durch verschiedene andere in das letzte, oder sogleich aus dem ersten in das letzte kommen. Wenn ein Lichtstrahl in einer krummen Linie durch die verschiedenen Schichten der Atmosphäre gebrochen wird, so heisst Herr L. seine Brechung den Winkel, den Tangenten an seinen beiden äußersten Punkten mit einander machen. Aus der bekannten Horizontalrefraction zeigt er, dass dieser Winkel bey ihr nicht eine halbe Secunde, und bey grösseren Höhen noch weniger betrage. Worauf er ferner weiset, wie man die Brechungen durch eine Reihe ausdrücket, und die Glieder dieser Reihe findet, wovon er Anwendungen auf die astronomischen Refractionen macht. In einem besonderen Abschnitte, untersucht Herr L. den Fall, wenn der Weg des Lichtstrahles ein Bogen eines Kreises ist. Bey Gegenständen auf der Erde, ist dieser Weg meistens so kurz, daß man statt der wirklichen die er macht, einen Bogen eines Krümmungskreises setzen darf. Folgen daraus sind: dass alle Gegenstände, die sich in einer Verticallinie befinden, einem Auge um gleiche Winkel erhoben, und folglich in eben der Grösse erscheinen, welche sie ohne Brechung haben würden, dass die Brechung irdischer Gegenstände sich wie die horizontale Entfernung und bey einerley Zustande der Luft, die Weite in welcher man einen Gegenstand vermittelst dieser Brechung noch sehen kann, sich wie die Quadratwurzel seiner Höhe über der Oberfläche der Erde oder des Meeres verhält. Hiervon werden

Anwendungen auf das Wasserwägen gemacht, ingleichen wird gewiesen, wie man eine astronomische Refractionstafel, die für einen gewissen Ort gemacht ist, auf einen andern mehr oder weniger erhobenen Ort bringen soll, dessen Erhebung gegeben ist, auch die wahre Höhe eines Berges zu finden, wenn seine scheinbare Höhe und seine Weite gegeben sind. Nach der letzten Aufgabe verbessert Herr L. die durch geometrische Arbeiten gefundenen Höhen verschiedener Berge, in Cassinis Buch von der Figur der Erde, und trifft eine unerwartete Übereinstimmung zwischen den verbesserten Höhen, und den Höhen des Barometers an, die man auf diesen Bergen beobachtet hat. Dieses veranlasst ihn eine Tafel für die Barometerhöhen in verschiedenen Erhöhungen über dem Meere mitzutheilen, die nach einer Formel berechnet ist, welche er noch nicht bekannt macht. Sie stimmt mit verschiedenen Erfahrungen ziemlich überein. Gegenwärtige Schrift kann eine Probe eines grösseren Werkes seyn, das Herr L. unter Händen hat, einer Photometrie, wo der Glanz, die Dichte, die erleuchtende Kraft des Lichtes seine Veränderungen in den Farben und dem Schatten u. s. w. sollen abgemessen werden.

Man hat sich viel neues und wichtiges von diesem Werke zu versprechen, da die tiefe Einsicht des Verfassers auch aus unterschiedenen Proben in den Actis Helveticis bekannt ist. Die Göttingische hohe Schule nimmt an dieser Ehre desto mehr Theil, da er sich vor ein paar Jahren mit den Herrn Baronen v. Salis daselbst aufgehalten, während dieser Zeit beständig den Zusammenkünften der Kön. Gesellschaft der Wiss. beygewohnt hat, und jetzt Correspondent dieser Gesellschaft ist.

Im 137. Stück der Göttinger Anzeigen vom 15. November 1759 erschien weiter folgender Auszug aus Lamberts Brief vom 24. Juni 1758 (Begleitbrief zu den „Routes de la lumière“):

Hr. Lambert, Correspondent der K. Ges. der Wiss. hat an den Hrn. Prof. Kästner einige Erfahrungen von der Stärke des Lichts überschrieben, die als vorläufige Proben seiner Photometrie verdienen kürzlich angezeigt zu werden.

1. Der weisseste Gips (plâtre) wirft nur $^1/_3$ oder $^{100}/_{298}$ der auffallenden Strahlen zurücke.

2. Wenn man ihn senkrechten Strahlen der Sonne zu einer Zeit aussetzt, da ihr scheinbarer Durchmesser 32 M. ist, so verhält sich die Helligkeit des Gipses zu der Helligkeit der Sonne, wenn man beyde durch eine Atmosphaere sieht, wie 1 : 144003.

3. Wenn man diesen Gips auf die Oberfläche der Sonne brächte, so würde er nur $^1/_3$ so hell seyn als die Sonne.

4. Blaugraues Papier wirft nur $^1/_8$ der einfallenden Strahlen zurück und lässt fast gar keine durch.

VII.

Monsieur

Il est vrai que je suis un peu paresseux à ecrire des lettres. Je crois pourtant Vous en avoir ecrit une sur certaines questions de geometrie pratique.

J'ai Vous souhaité un etablissement plus fixe que celui de M. qui peut toujours être traversé par des intrigues de bigoterie et de barbarie. J'ai fait l'usage de Vôtre premiere lettre Monsieur que Vous aurez vu dans nos gazettes. C'etoit l'unique moyen possible d'annoncer votre livre.

Je me suis trouvé tres honoré de la visite de Mssrs. Vos compatriotes. Vous m'excuserez si surchargé d'occupations à present je ne m'engage point dans des recentes pour lesquelles Vous me demandez des heures de loisir. D'ailleurs je Vous avoue que durant tout le cours de mes etudes j'ai evité des recherches sur lesquelles j'ai sû que d'autres travailloient heureusement croyant qu'il vaut mieux que chacun se choisisse ses propres objets parmi cette infinité qui merite encore d'être examinée.

Je Vous prie Monsieur de saluer de ma part ces Monsieurs qui daignent bien se souvenir de moy, etant avec infiniment d'estime.

Monsieur
Vôtre
tres humble et tres obeissant serviteur
Kaestner.

G. ce 27 d'Août
1760.

VIII.

Lambert au Kaestner à Gottingue. du 24 mars 61.

Un differend survenu entre les libraires d'ici et ceux de Vos contrées sur l'evaluation des especes d'or a ete cause que Vos nouvelles literaires de la demie année passée ne sont point parvenus ici. De la sorte et par defaut de reponse de Votre poste, dont j'avois cru pouvoir me flater, j'ignore la recension que Vous pourrez avoir faite, M. de ma Photometrie, que j'espere que Vous aurez reçue il y a une année.

Le plan que je m'étoit formé, de donner une collection de petites pieces dont je crois Vous avoir parlé dans ma derniere lettre s'est changé pendant que je les composois vue quelles seront vouées pour les Commentaires de l'Academie de Bavière, que m'a conferé le titre de Prof. honoraire avec une pension competente et la liberté de ne point être restreint à quelque endroit pour y fixer mon sejour, quoiqu' il conviendra d'etre dans le voisinage les premieres années, dans lesquelles j'emploierais quelques heures par jour, soit à rafiner des éleves, qu'elle me donnera, soit aussi à contribuer à ses progrès ulterieurs, vue qu'elle n'est encore que naissante. A ce que je vois cette Acad. sera reglée sur le pied de celle de Suede, dont Vous avez traduit M. les Commentaires. Car ses traveaux rouleront bonne partie sur des Syjets économiques et de l'histoire naturelle, de même que de celle du païs. Néanmoins l'Astronomie ne sera point oubliée et il s'y mêlera d'autres Syjets de pure theorie.

J'ai l'honneur de Vous envoier cy joint un exemplaire de deux ouvrages que je viens de publier à la fois. Les Orbitae cometarum sont assez semblables aux routes de la lumière. Je crois que l'echelle parabolique et elliptique de même que divers Isochronismes que j'y démontre, meriteront Votre aprobation par la facilité de la pratique. Je m'étonne qu'on ne les a pas trouvé dès le Commencement.

Quant aux Lettres Cosmologiques je ne sais ce que Vous en penserez M. Vous voulez bien Vous y amuser. Vous m'obligerez, en m'en disant Votre Sentiment quel qu'il puisse être. Aparemment serez Vous surpris de la hardiesse avec laquelle j'y depeins la structure de l'univers et peut être aussi de la fécondité de toute espece d'argumens, que j'y entasse. Je suis extremment curieux de voir quelle fortune fera cet ouvrage chez les Lecteurs et de lui dresser l'horoscope. A ce qu'il me semble il est impossible de le refuter solidement, et peut être ce systeme deviendra dominant dans la suite, et après plusieurs débats, mais je ne crois pas quelqu'un s'avisera tout de bon à en faire l'examen, que je propose dans quelques unes de ces lettres, puisqu' il demande de longs Calculs et une suite d'observations.

Je Vous prierais, Monsieur, de Vouloir bien en donner quelque notice dans Vos Anzeigen, et si par hasard Vous aviez fait imprimer quelque Programme ou autre Dissertation analogues aux precedentes, dont Vous m'avez communiqué quelques unes, je serais flaté de les avoir occasionellement.

J'ai l'honneur d'etre

. . . .

IX.

M. Kaestner
Göttingue 24. Jan. 1764.

Monsieur!

Je puis supposer que la Photometrie, les lettres Cosmologiques et les orbitae Cometarum, que je Vous ai adressees, il y a bientot

4 or 3 ans, Vous soient parvenus, vu l'extrait dans Vos Nouvelles literaires du moins des Lettres Cosmologiques; mais je ne puis dissimuler que je fus surpris de Voir toutes mes lettres sans reponse de Votre part. J'en accusois Vos Occupations et plus encore les revers de la Guerre qui m'avoient egalement empechée de Voir la Saxonie et le Brandebourg, où je me trouve depuis une quinzaine de jours, m'aiant arreté depuis environ 2½ ans partie à Zuric partie à Coire sans y faire presque autre chose que de vaquer tant aux afaires de L'academie de Baviere qu'à les Ouvrages que je ferai encore publier. Cette Acad. trouve dans son lieu natal de fortes oppositions de la part des Jesuites qui en sont exclus non par des loix mais par voie de fait [et quoique j'ai fait pour lui donner du lustre en ce que je me proposois d'interesser quelques Mathematiciens du premier Ordre pour travailler aux questions de prix on m'a empeché d'une facon assez stupide d'y interesser autre que M. de Justi et M. Euler pour deux questions que j'ai suggerées quoique mon dessin étoit de faire ensorte que M. Euler eut des Concurrens qui lui eussent fait honneur]. Il semble même que ces oppositions vont jusqu'à l'empecher de me faire liquider une partie de la pension qu'elle me doit.

[Je Vous écris M. la pressente de Leipzig et je dois me louer de la façon obligeante dont jai été reçu ici chez les personnes aux qualités que je croiois devoir aller voir.]

Comme durant mon Sejour à Göttingue je Vous ai souvent parlé sur des matieres relatives au Contenu de la feuille cy jointe, je me flate que Vous la verrez avec plaisir. Voudriez Vous M. (car Vous le pouvez) me faire à cet égard le même plaisir que Vous me fites à l'égard de ma photometrie c'est annoncer préalablement ce nouvel Organon qui sera imprimé jusqu' à Paques en 2 Volumes qui comprendront 3 Alphabets. Le Libraire s'est engagé à en faire l'Edition sur la foi dę cette preface, Vuque le detail qui s'y trouve ne pourroit s'y trouver à moin qu'il ne se trouvat encore dans l'ouvrage même.

Je lui ai conseillé par la même raison d'imprimer quelques exemplaires de cette Préface à part pour la divilguer.

Voici encore quelques details:

La proposition Tout *A* est *B* veut dire Tout *A* apartient sous *B*, ce que je marque au pied de la Lettre $\begin{matrix} B\text{———}b \\ A\text{——}a \end{matrix}$ en donnant à chaque idée generale une extension d'autant plus grande, plus elle est generale et en marquant l'individu par un point.

[sind gestrichen!]

La Proposition Nul A est B veut dire: Nul A appartient sous B je le place donc à coté

A——— a B——— b

La proposition: Quelques A sont B est marquée de la sorte
B——— b
. . . A—— a . . .

en designant par des points ce qui est indeterminé.

La proposition: quelques A ne sont point B est marquée de la sorte B——— b
. . . A—— a . . .

Et les syllogismes repondans des 4 figures ont une même construction de sorte que la difference des figures n'y change rien et on prends les prémisses telles qu' on les a sans autre arragement.

Ceci s'appelle à la lettre: construire les propositions. Les prémisses se construisent facilement p. ex.

Quelques C ne sont point A A——— a
Tous les B sont A b——— B
. . . C—— c . . . . . .
Quelques C ne sont point B.

Je commence toujours par le terme moien ou commun aux deux prémisses. Il est remarquable que deux prémisses, dont il ne suit rien, ne peuvent point être marquées, ou bien elles n'offrent point assez de données pour placer tous les trois termes d'une façon determinée. Je me sers de cette Construction pour demontrer la Theorie des Syllogismes.

Voici maintenant quelques autres Syllogismes

$\frac{3}{4}$ M sont B
C est $\frac{2}{3}$ M
C $\frac{1}{2}$ est B. Ce (C $\frac{1}{2}$ est) veut dire que je ne sais qu'avec $\frac{1}{2}$ certitude que C est B. Dans la majeure $\frac{3}{4}$ M veut dire, que je sais que $\frac{3}{4}$ du Individu M sont B. Et dans la Mineure $\frac{2}{3}$ M veut dire que je sais, que C a $\frac{2}{3}$ des attributs de M, mais que pour l'autre tiers j'ignore, s'il les a ou non, et même d'une ignorance absolue. Car s'il y avoit un seul attribut de M. dont je saurois qu' il ne fut point dans C, la mineure seroit negative, et la conclusion seroit

C 0 est B

c'est à dire absolument indeterminée . e. c. t.

Autre Syllogisme $\frac{3}{4}$ M $\frac{5}{6}$ est $\frac{1}{2}$ B
$\frac{2}{3}$ C $\frac{4}{5}$ est $\frac{4}{9}$ M
Donc $\frac{2}{3}$ C $\frac{2}{9}$ est $\frac{1}{2}$ B

Ici je multiplic $\frac{3}{4} \cdot \frac{5}{6} \cdot \frac{4}{5} \cdot \frac{4}{9} = \frac{2}{9}$ pour avoir la probabilité pour l'affirmative de la Çonclusion. Remarquez qu' il ne s'en suit pas, que la probabilité pour la negative soit $= 1 - \frac{2}{9} = \frac{7}{9}$. Car n'y aiant que la Majeure, qui puisse être negative, la probabilité pour la negative de la conclusion sera beaucoup plus petite, et la probabilité pour la Conclusion tout à fait indeterminée aura encore une grandeur assez considerable. Vous entreverrez facilement M. que ceci demande de prémisses plus determinées. Je ne puis en rapporter ici les formules, mais elles se trouvent en détail dans la phénomenologie.

Kaestner an Lambert.

X.

Monsieur

Je Vous dois des reponses à deux lettres dont Vous m'avez honoré et des remerciments pour les belles pièces dont Vous m'avez fait present. Je parlerai des dernières dans nos gazettes dont je ne suis pas le seul auteur comme s'imagine un certain Mr. de Sonntag à present à Berlin, qui m'a ecrit une memoriale des plus extravagantes au sujet d'un extrait d'un livre que j'ai fait rendre Vous l'avez fait. Mais je la lui ai rendue comme il faut.

Vous souhaités de savoir Monsieur ce que contient nos gazettes. Il n'y a pour les etrangers de maniere plus commode de les avoir moyennent nôtre poste. L'an coute la moitié d'un Louis d'or ($2\frac{1}{2}$ ecu) à quoi il faut ajouter un florin pour la peine de faire les paquets.

Moyennant cela on a des paquets chaque mois par les postes ordinaires. Il sert au spediteur payer les frais de poste.

Les deux Mss. Strube qui ont l'honneur de Vous rendre cette lettre Monsieur pour n'être pas des Algebristes n'en sont pourtant moins honnêtes gens. Je suis avec infiniment d'estime

Monsieur

Votre

G. ce 15. d'oct. 1765. tres humble et tres obeissant servteuri

Kaestner.

XI.

Monsieur

Je me sers de l'occasion que me presente Mr. Boye qui aura l'honneur de Vous rendre cette lettre pour satisfaire à un devoir que j'ai senti longtemps quoique je ne m'en sois pas acquitté. J'ai crû assez connoître Vôtre maniere de penser pour être assuré de Votre amitié sans qu' il soit besoin de Vous renouveller mon souvenir par des lettres. Aussi j'ai été tres sensible au recit que Mr. Seyberth m'a fait de la maniere de laquelle Vous lui avez parlé sur mon Sujet. C'est une grande perte pour nous que la mort de ce jeune Savant qui joignoit les connoissances très etendues et tres profondes à un coeur excellent. Il avoit etudié les mathematiques avec beaucoup d'application et la jurisprudence en auroit profité.

A l'occasion de ce que Vous dites Monsieur dans Votre belle dissertation sur l'aimant, au sujet des memoires de Mons. Mayer, je suis faché d'être obligé de Vous dire que ces Memoires à ce qu' il semble sont perdus pour nous. Mr. M. n'avoit très souvent que le brouillon de ses memoires qu' il se proposoit de perfectionner, et ses papiers se sont trouvés tout en desordre. Il y a cinq ou six de ses memoires pour la Societé que je n'ai pû trouver, aiant eu ses papiers dans ma disposition après qu'ils étoient déja passé par d'autres mains. Il m'a paru que M. Mayer dans ce Memoire sur l'aimant donnoit un peu trop dans des hypotheses purement mathematiques. Pour expliquer la variation de l'aiguille il imaginoit un aimant parallelipede dans un certain endroit de l'interieur de nôtre globe; c'est parce qu' il avoit manié des aimans artificiels de Knight* en forme de barre. S'il en avoit eu en fer de cheval, il auroit donné cette figure à son aimant Souterrain.

J'ai l'honneur d'être avec infiment d'estime

Monsieur

Vôtre tres humble et tres obeissant

Serviteur

Kaestner.

[reçue le 9 mars 1770]

Göttingue ce 13. du dec. 1769.

Des nuages epais ont empeché de voir la lune tout cette nuit de sorte que nous n'avons rien vu de l'eclipse.

*) vgl. Poggendorff Handwörterbuch I S. 1279.

XII.

Lambert an Kaestner. 1. Mai 1770.

Monsieur

Je crois Vous devoir encore une reponse à la Lettre du 15. Oct. 1765 que Mrs. Strube m'ont remis, tout comme à celle du 13. dez. 1769, qui ne me parvient que le 9. mars passé, quoique Mr. Boye m'en parla quelque tems auparavant.

Je regrette fort la mort de Mr. Seybert. Il m'offrit une correspondence que j'acceptai d'autant plus volontiers, que je previs que la theorie des probabilités y auroit gagné. Je ne connois encore sa Dissertation sur les rentes viageres que par les nouvelles Litteraires, et je ne sais comment me la procurer, parce que les Dissertations academiques ne font point un objet de nos Libraires. Si Vous pouriez, Monsieur me la faire avoir par quelque Occasion, je Vous en serois fort redevable, et je rembourserois le montant de telle façon que Vous jugeriez apropos.

Le sixieme Tome de Vos Elemens de Mathematique de même que Votre Eloge de Leibniz m'ont été bien remis, et je Vous prie, Monsieur, d'agréer mes remercimens, pour des presens si estimables. Quant à la premiere de ces deux pieces, je n'ai encore fait que la parcourir, mais je ne tarderai pas à y donner plus d'attention, d'autant que j'y trouve comme en abregé tout ce qu'il y a de mieux imaginé sur la theorie mathematique des fluides. Deja Votre cinquieme tome m'avoit fait beaucoup de plaisir. Je crois avoir remarqué que presque tous ceux qui depuis 30 et plus d'années ont fait leur cours de Mathematiques se sont borné à ce que Wolf en dit dans son ouvrage allemand. Et ceux qui depuis 20 ans ont voulu aller plus loin, se sont arretés à la geometrie et au calcul. Il y en avoit même peu, qui se rendissent le calcul des fonctions circulaires assez familier pour entendre les problemes où depuis Mr. Euler on l'a employé avec beaucoup de Succés. Vous etiez Monsieur le premier à faire entrer la theorie de ce calcul dans Vos elemens. C'etoit la remplir une lacune assez considerable. Il ne restoit donc encore à désirer qu'un bon livre elementaire sur les calculs, que demande la Mecanique et ce qui en depend.

Il y a 4 ans, que je me suis occupé un peu à examiner les demonstrations qu'on avoit donné des principes de Statique, d'hydrostatique, de Dynamique et à en chercher, qui fussent plus concluantes. Je viens de publier ces recherches dans une collection de petits ouvrages, qui paroit sous le titre de seconde partie de mes Beyträge zur Mathematic. Il s'y trouve encore une analyse des Tables lunaires de feu Mr. Mayer, dont j'ai taché de tirer tout l'usage imaginable, en les reduisant immediatement aux mouvemens moyens, en y joignant des tables pour le mouvement horaire tant en longitude qu'en latitude, et encore d'autres particulierement accommodées aux Syzigies et aux occultations des etoiles fixes. Elles sont telles que Mr. Mayer les auroit calculées lui même, s'il avoit vecu ou s'il avoit voulu.

Quant à l'eloge de Leibniz je l'ai lu avec beaucoup de plaisir. Ordinairement on loue Leibniz parcequ'on croit qu'il faut le louer et sans se restreindre à ce qui veritablement merite des eloges. De la des lieux communs, qui n'aboutissent à rien. Je vois qu'on s'est mocqué dans tous les journeaux de la piece victorieuse ce qui ne fait gueres honneur à notre Classe de belles Lettres. J'espere mieux reussir pour la Classe de physique pour les trois questions que j'ai fournies. Celle qui roule sur les liaisons à etablir entre la physique et l'economie vient de paroitre et merite toute l'attention tant pour les tableaux qui s'y trouvent, que pour la Methode et la logique qui y est observée et enseignée et enfin pour le projet, que l'auteur propose, et qui consiste en ce que dorenavant les bonnes paroisses de province ne soient conferées qu'à des sujets, qui ont subi l'examen physique et Mathematique comme jusqu'apresent ils ont du subir l'examen theologique. Ce projet est d'une extreme consequence et il importe qu'on y insiste.

La piece sur le pilotage, qui a été couronnée, fait un chef d'oeuvre. On voit que l'auteur invente des machines trés simples et tres bonnes, autant qu'on veut, avec une facilité surprenante. Aussi lui ai-je proposé encore 5 especes de machines pour le pilotage, ce qui avec le 7, qu'il a deja envoié, formera un Systeme assez complet.

J'espere egalement, quoique sans rien savoir d'avance que la question des transplantations sera egalement bien resolue, et je l'espere parce que la question et concue ensorte, quel doit naturellement inciter des personnes qui sans cela ne se donneroient point la peine d'entrer dans quelques recherches. Je suis faché que les ecrits de Mr. Mayer ne se retrouvent plus, ou que du moins ils ne sont pas tous mis au net. Je ne savois de sa theorie de l'aiman, que ce qui se trouvoit annoncé dans vos gazettes Litteraires. Deux jeunes savans de Tubingue je crois Mrs. Hoffmann et Jäger, qui ont passé par ici, m'ont parlé d'une experience, que Mr. Mayer a mise pour base, et que Vous leurs aviez fait voir. Mais ils ne se rappelloient autre chose si ce n'est, qu'en presentant l'aiman à une boussole d'une certaine facon, il se trouvoit un certain angle qui etoit toujours constant. J'avoue que je n'ai rien compris dans cette description tant elle etoit indecise et incomplette. Je leur fis meme voir mais experiences, telles que je les ai decrites dans nos memoires, mais ils n'y trouvoient rien d'analogue.

Dans un autre memoire, qui est sous presse, je fais encore usage de ce que Mr. Mayer a trouvé sur le melange des couleurs. C'est à l'occasion d'une chambre obscure, qui fait absolument l'effet d'un miroire, ence qu'on y voit les images des objets autant derriere le fond blanc que les objets sont eloignés de devant.

Vous trouverez, Monsieur, dans le Volume des memoires, qui vient de paroitre, une theorie des porte-voix et des porte-lumiere qui fait voir clair en tout cela, et qui fait une partie assez considerable de l'Acoustique. Cette infinité de reflexions du son dans le porte-voix, qui effraye d'abord, n'a rien d'embarassant. La theorie en devient tres simple, elle m'a conduit même à calculer le renforcement du son, et à determiner les dimensions des porte-voix pour un renforcement quelconque donné.

XIII.

Kaestner an Lambert.

Monsieur.

Recevez mes remerciments pour Vos ouvrages egalement utiles et savantes. Mr. Trescho Norvegien qui aura l'honneur de Vous rendre cette lettre Vous fera venir l'écrit de Mr. Seyberth. C'est moi qui a conseillé à l'auteur de choisir ce sujet pour montrer à nos jurisconsultes combien il leur importe de savoir les mathematiques. Mr. Seyberth etoit un de ceux de mes ecoliers que j'aimois le plus, il se faisait estimer et aimer par ses qualités de l'esprit et de coeur de tous ceux qui les conoissoient. La Jurisprudence a perdu infiniment en le perdant. Dans l'ecrit que voici, il y a quelques calculs qui pourroient être fait avec plus de netteté, il y a même des endroits ou je crois qu'il s'est mepris p. e. au sujet des Societés pour l'entretien des veuves sur lequel un de nos Serviteurs Mr. Kritter a travaillé beaucoup; avec tout cela l'ouvrage de Mr. S. sera encore longtemps le seul de son espece.

Je suis charmé de l'approbation que Vous donnez à mes etudes. Vous Monsieur êtes un des juges dont je fais de plus de cas. Il y a assez de calculateurs mais peu de mathematiciens philosophes.

Je Vous avoue que je ne suis pas tout à fait content du travail que Vous avez fait sur les tables de M. Mayer. Tout autre que Vous auroit pû s'exercer à cela, mais Vous auriez pû employer Vôtre tems mieux à des decouvertes tout à fait nouvelles sans Vous occuper de tables qui à present seront mises dans l'oubli puisque les nouvelles tables de M. M ont parû.

La classe des belles lettres de Vôtre academie fait assurement une figure pitoyable. Ses dissertations ne sont que des harangues comme font nos ecoliers in prima. Que Frederic seroit grand s'il vouloit être Allemand! Sans doute ce qui depend de Vous Monsieur sera toujours infiniment meilleur. J'ai lu avec infiniment de plaisir qu'on Vous a joint au conseil d'Architecture.

Mr. Maier a appliqué sa theorie magnetique à un aimant de la figure d'un parallelipede par ce que nous en avons artificiels de cette

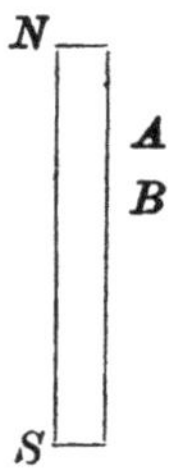

figure parmi les instruments de nôtre université. Voici l'experience dont on Vous a parlé. Soit NS cet aimant, N son pole boreal. M. Mayer calcule par sa theorie quelle situation doit prendre une aiguille aimantée tres petite mise à des planes donnés aux environs de cet aimant p. e. en A, B; il a tracé une figure par cela et en mettant l'aimant sur ce plane, l'aiguille prend precisement à chaque endroit la position qui y est marquée. Cette experience est assez curieuse, mais elle nous instruit assez peu sur la nature et même sur la loi de la force de l'aimant. Il faut aussi considerer que la direction naturelle de l'aiguille aimantée entre dans cette experience et que sa situation depend de la composition du magnetisme de la terre avec celui de l'aimant artificiel. M. Mayer imaginoit un aimant de cette figure placé en quelque endroit qu'il assignoit, dans la terre, et il se felicitoit beaucoup d'en pouvoir deduire les declinaisons observées et même les inclinaisons telles qu'on les a observées. S'il avoit eu sous les mains des aimants en fer à cheval, il auroit donné cette forme à son aimant terrestre. Il me semble qu'on perd son tems à former une theorie sur les observations encore trop imparfaites que nous avons jusqu'ici. Ce que le P. Hell avoit observé au sujet de l'aimant pourvu qu'il ne s'y soit pas trompé rendra je crois cette theorie encore plus difficile.

La theorie de M. Mayer sur le melange de couleurs, est tres ingenieuse, mais elle ne regarde pas proprement les couleurs, elle se restreint aux matieres coloriées; elle ne determine pas ce qui nait ex mixtura colorum mais ce qui est produit per mixturam pigmentorum. Mr. M. qui se faisoit hommage de n'être pas Metaphysicien, ne regardoit pas de si près à ces difficultés. Il croyoit même pouvoir montrer que Newton avoit tout sans s'apercevoir qu'il prend le mot des couleurs dans un sens tout autre que Newton.

C'est de la même manière que dans sa dissertation de visus acie dans nos commentaires, il n'a pas assés distingué l'evanouissement d'un objet à cause de la petitesse de l'angle visuel, et l'indistinction à cause de la vue trop courte.

J'ai l'honneur d'être avec la consideration la plus sincere

Monsieur

Göttingue ce 26. du Juill. 1770.

Vôtre
tres humble et tres obeissant
Serviteur
Kaestner.

XIV.

Lambert an Kaestner. 30. 7br. 1770.

Monsieur

Je devois Vous remercier plutot de la belle Dissertation de Monsieur Seybert, mais je croiois pouvoir attendre quelque occasion, et nommement celle de la foire de Leipzig, qui va commencer. Cette piece m'a fait d'autant plus de plaisir que je n'avois gueres d'esperance de me la procurer autrement que par hazard. Aussi ne manquerai-je pas de Vous en tenir compte dans les Occasions, qui pourront se presenter.

Il est très sûr, qu'il nous manquoit encore un ouvrage de cette façon. Jusqu' à present on a eté plus occupé à amasser des Observations et à en deduire des consequences, qui en decouloient comme d'elles mêmes, sans chercher du Secours dans quelque theorie generale. L'ouvrage de Mr. Süssmilch est presque le seul qu'on ait en allemagne. Il me semble qu'il pouvoit être moins theologique de ce qu'il est, et en echange plus appuyé de calculs. Mais cela n'étoit pas l'affaire de Mr. Süssmilch et si Mr. Euler ne lui avoit rien fourni pour dresser quelques tables, encore celles qui y sont, ne s'y trouveroient pas. Encore à l'heure qu'il est il ne paroit pas, qu'on en ait tiré tout le fruit, qu'il promet, et à cet egard la dissertation de Mr. Seybert pourroit assez facilement être fort complettée. Je n'ai point encore perdu de vue le dessein, que j'avois formé de faire des recherches, sur cette matiere, et de les mettre dans un certain ordre, pour pouvoir d'autant mieux faire l'enumeration de ce qui y manque encore. Ainsi p. ex. comme dans la premiere année et même dans les premieres semaines de la vie d'un enfant le risque de mourir est si considerable, et que sans contredit la saison de l'année y produit des variations, je crois que la vie d'un homme et sa durée depend beaucoup du mois dans le quel il est né. La difference peut très bien être assez considerable, et en ce cas elle aura beau coup d'influence dans le calcul des rentes viageres des tontines &c. Je crois encore que la mortalité des hommes peut être ramenée à deux ou trois loix generales non obstant l'infinie variation qu'il y a dans la facon de mourir. J'ai du moins trouvé une equation a posteriori qui exprime fort exactement combien de 1000 personnes, qui naissent à la fois il en reste en vie après un nombre quelconque d'année. Cette equation semble insinuer trois loix generales. Suivant l'une le genre humaine se vuideroit à peu près comme un cylindre rempli d'eau et suivant les deux autres comme la chaleur s'e[st] gagné et se perd dans l'echaufement et refroidissement mutuel des corps. Quoi qu'il en soit l'equation trouvée ne laisse pas que d'être d'un bon usage, pour en deduire des consequences generales et pour calculer des tables.

Il semble, que tout ce qui regarde cette matiere se reveille dans Vos Contrées, à l'Occasion des fondations, qui se font en faveur des Veuves. J'ai parcouru les pieces imprimées à ce Sujet. Mais je n'ai trouvé que celles de Mr. Kritter, qui soient un peu sensées. La plus part des autres font pitié.

Vous avez raison, Monsieur, de dire, que je ne devois point calculer des tables. Assurement ce n'est pas un amusement pour moi, mais une peine. Je surmontai cependant cet ennuy par la curiosité que j'avois de voir le resultat des formules, et l'arrangement qu'il falloit donner aux tables, pour faciliter le calcul de la lune et surtout des ecclipses et des occultations. A cet egard l'edition qui c'est fait à Londres des tables de feu Mr. Mayer ne rendra pas mon travail superflu. Elles n'abregent point le travail pour ces sortes de phenomenes. Jusqu' à present je n'ai vu qu'un ouvrage de Ferguson, où il y ait des tables pour caculer directement le tems des Syzigies, mais elles sont peu exactes. Les nouvelles projections que je donne de ces phenomenes ne manqueront pas d'être employées avec le tems.

A l'egard des tables, que j'ai publiées sous le nom de Zusätze &c. il s'est du depuis offert un calculateur, qui me marque avoir deja etendu la table des diviseurs jusqu'à 120000, et qu'il continuera ce travail. Un de mes amis ici s'est proposé de chercher les logarithmes hyperboliques des nombres premiers jusqu'à 25 places decimales. J'atens la reponse du premier, pour voir ce que je devrai publier à cet egard, afin de trouver encore d'autres calculateurs, parce qu'il y a encore des tables très utiles a calculer. Le Libraire ne paye pas le travail, que ces calculs demandent, mais il faut que l'honneur de les avoir faits et l'avantage de pouvoir ensuite s'en servir soient egalement des motifs.

Je crois volontiers, Monsieur, que s'il faut supposer dans la terre un ou deux cros aimans, leur figure sera celle des corps naturels c'est à dire assez irreguliere. Cependant il y a apparence qu'on pourra en supposer l'axe rectiligne, de même il y aura quelque loi assez generale pour ce qu'on peut appeler la direction moyen des forces. Mais nous avons encore trop peu d'observations exactes des differentes parties du monde, pour qu'on puisse en tirer des consequences. Il eut fallu en faire le jour de l'observation du passage de Venus. Mais il ne s'en est fait qu'en Russie, sur ce que j'avois insinue à Mrs. Mallet et Pictet, lorsqu'ils passerent par Berlin pour se rendre à Petersbourg. Et encore n'ont ils eté à même que de se procurer des aiguilles de declinaison, quoique pour la theorie l'inclinaison soit tout aussi interessante. Du reste feu Mr. Mayer ne laisse pas que de meriter des eloges, quoique ce qu'il nous a donné soit encore susceptible de plus de perfection. Mon nouveau correspondent vient de me marquer, qu'il a deja poussé la table des diviseurs jusqu'a 150000. Et comme il me permet d'en donner avis au public et que j'ai la même permission de celui qui s'occupe des Logarithmes, je n'ai pas hesité un moment, de faire inserer dans la Gazette de l'Editeur et dans la Bibliotheque germanique de Mr. Nicolai ce qui me paroissoit être àpropos a ce Sujet. Si Vous croyez, Monsieur, que cet article puisse trouver place dans Vos Anzeigen, je Vous prie d'y faire inserer la copie cy jointe. Je crois, que l'affaire ne sera pas sans Succés, et que très probablement la Correspondence, que j'offre parlà, servira encore de Motif. Il y a des gens et surtout aussi des jeunes gens, qui aiment les Calculs numeriques, et qui ne rejetteront pas fort loin l'occasion que je mets sur le tapis. Si Vous en connoissez, Monsieur, soit à Gottingue soit autre part, et si Vous voulez encore me marquer quelles tables Vous desiriez encore, je Vous en aurai beaucoup d'Obligation. J'ai l'honneur d'être avec un profond Respect

Monsieur

Votre tres humble et très obeissant Serviteur

Berlin ce 30 7bre 1770.

XV.

Monsieur

J'ai ordonné qu'on Vous fasse parvenir deux exemplaires des dissertationes mathematicae et physicae, dont je Vous prie de garder un et de rendre l'autre à l'academie Royale des Sciences avec mes respects.

Si Vous avez lû dans nos gelehrte Anzeigen un extrait du tome de l'Academie ou il est parlé de Vôtre ecrit sur la figure des mers, je Vous avertis que cet extrait n'a pas été fait ici. Ce n'est pas que je le croirois devoir desavouer même devant Vous. Si j'en étois l'auteur ce seroit Vous suposer assés: „imbecilis animi qui non ferre possit dissentientem" mais comme je n'ai pas eu occasion d'examiner assés les faits relatifs à cette question je n'en oserois porter un jugement. D'un autre coté je prens la liberté de Vous proposer une doute qui m'est venu en repandant Votre carte; c'est si la maniere hydrographique dont Vous Vous êtes servi convient à Votre dessin, les cartes hydrographiques ne donnent aucune ressemble avec la surface du globe. Ainsi les angles saillants d'une côté repondant aux angles rentrants de l'opposé, ne prouvent rien, s'ils ne se trouvent que sur une carte hydrographique et il se pouroient trouver sur le globe, sans être exprimés sur la carte hydrographique.

J'ai l'honneur d'être avec infiniment d'estime

Monsieur

Votre

tres humble et tres obeissant

Kaestner.

Gottingue
ce 7. d'octobre 1770.

[Les Dissert. m'ont eté remises le 14. Janv. 1771 et j'ai reçu la lettre et les deux dissertations allemandes sur la justesse divine quelques semaines plutot.]

XVI.

Lambert an Kaestner
30. April 1770.

Dans l'esperance que ma precedente du 30 7bre passé Vous soit parvenue je Vais repondre à l'honneur de la Vôtre du 7. Oct. dans laquelle Vous eutes Monsieur la bonté de m'avertir de l'envoy de Vos excellentes dissertations mathematiques et physiques. J'ai reçu cette lettre vers la fin du decembre et les dissertations m'ont été remißes par M. Nicolai le 14. Janvier. J'ignore la cause de ce double delai, quoique du reste si sache qu'assez souvent les libraires sont des Commissionaires aßez negligens vis à vis des personnes aux quelles ils esperent de pouvoir rendre des ouvrages lorsqu'elles n'en reçoivent point en forme de present. Quoiqu'il en soit, Vous m'avez fort obligé, Monsieur par les deux que Vous veniez de me faire. Je n'ai pas manqué de présenter à notre Academie un exemplaire tant des dissertations que du discours sur la justice divine. Elle les agrea avec reconnaißance et me chargea de Vous en assurer.

J'ai lu Monsieur dans Vos gelehrten Anzeigen l'extrait dont Vous m'avez parler, touchant mon memoire sur la figure de l'Ozean. Je crois y reconnoitre le style de Mr. de Haller et la façon dont il croit toujours pouvoir quinteßentier ses extraits mais qui ne reußit pas toujours. Cet extrait du reste ne me fache point du tout. Je ne sais pas même trop bien en quoi je dois reßembler à Homere lorsque dans mon memoire je regarde l'Ocean comme une grande Riviere qui circule autour de la terre. S'il croit que je me contente de depeindre les objets il n'a pas tant tord. Et s'il croit que je les fais à la Homere c'est plutot un eloge qu'un blame. On m'a dit ici ingenuement que dans l'idée que je presente dans ce memoire il y a quelque chose de grand. Enfin si j'y ai etabli que les angles saillants sont opposés aux Angles rentrans, ce n'a pas eté parce que Ms. de Buffon et Bourguet l'ont dit, mais parce que tout le monde connoit le parallelisme des vallées et celui des rivieres. Toute vallée formée par le decoulement des eaux doit avoir un semblable parallelisme. Mais je n'ai jamais dit que ce decoulement soit l'unique cause. Il ne fait point fendre des rochers, et il a y des vallées, où deux rochers opposés l'un à l'autre ont empeché les eaux delargir les vallées autant que leur decoulement naturel l'auroit fait s'il avoit eté libre. Tel est en grand le detroit de Gibraltar, où la mer mediterranée devoit être plus ouverte qu'elle ne l'est vers le milieu. Mais dans mon memoire j'ai renoncé à ces sortes de details, disant qu'il y en a beaucoup plus qu'on ne sauroit s'imaginer. Du reste ce memoire roule sur un sujet, dont chacun croit pouvoir penser differement. Je me suis en partie servi de ce droit, et je souscris que d'autres s'en servent. Voila ce que j'avois à dire touchant l'extrait.

La question que Vous me proposez, Monsieur, à cette occasion me paroit infiniment plus sensée. J'ai dit dans le memoire que je retiendra la projection de Mercator, mais je devois encore dire pourquoi. En effet on peut sans peine changer la projection ensorte que telle mer qu'on voudra se rétreciße ou s'elargisse. Voici donc les raisons pourquoi je pouvois la retenir et même la preferer à toute autre. 1⁰. Cette projection preßente tous les païs et toutes les mers, qui se trouvent le long de l'equateur, dans leur grandeur naturelle et cela va sans erreur sensible jusqu'au delà des tropies. 2⁰. Or l'Ocean qui forme la riviere principale circule generalement parlant le long de l'equateur. 3⁰. Les deux endroits où il s'en ecarte le plus sont au bas de l'amerique et au haut de la mer pacifique. C'est là que l'ocean forme ses angles rentrants. La projection represente ces angles rentrants moins aigus et pour ainsi dire moins rentrans, qu'ils ne le sont en effet en raison reciproque des sinus de latitude et par consequent environ du double et même au delà. 4⁰. Ainsi si la projection défigure la riviere principale cela n'arrive que dans ces deux endroits qui sont les plus eloignés de l'équateur, et d'une façon qui, bien loin de favoriser l'hypothese des angles rentrans, lui est plutot desavantageuse. 5⁰. J'ajoute encore que dans cette projection tous les angles conservent leur grandeur naturelle. 6⁰. Et en y tirant les lignes droites paralleles d'une façon quelconque, ce parallelisme est celui de deux vaißeux qui suivent un même Rhomb sans s'ecarter beaucoup de la zone torride.

Il convient außi de remarquer que quand il sagit du parallelisme des rivages de la grande riviere, il s'agit d'un parallelisme physiquequi par des caußes accidentelles peut avoir plusieurs petites irregularités. A cet egard il suffit que ce parallelisme ait lieu generalement parlant, et qu'il ne soit pas rendu méconnoißable par les irregularités dont je viens de parler. J'ajoute encore qu'il en peut être de l'ocean comme de rivieres, qui ordinairement gagnent en profondeur ce que les circonstances des lieux leur fond perdre en largeur, et qui perdent en profondeur lorsque les circonstances leur permettent ou les obligent à se repandre en largeur. Cette consideration fourniroit encore bien des details, si la profondeur du lit de l'Ocean etoit connue dans ses differentes parties. Mais tout ce que nous en savons c'est qu'il est moins profond par tout où il y a beaucoup d'Isles. Et c'est außi de quoi j'ai fait usage dans mon memoire. Du reste ayant les petites globes faits par Mr. Lowiz, je n'ai pas manquer d'y dessiner les cotes des terres australes. L'effet repondit à l'attende. Car l'Ocean etant en grande partie compris entre le 50^0 de latitude boreale et australe, il ne restoit que les parties du continent, qui se retreßisent vers les poles. Mais la projection a l'avantage qu'on y voit d'un seul coup d'oeuil tout ce qui se trouve le long de l'equateur. Et c'est à quoi il falloit principalement avoir egard.

Je viens enfin de publier l'ouvrage cy joint composé deja en 1764 et qui peut servir de suite à l'organon. Le Libraire m'a fait attendre quelques années et je n'ai pas fort preßé non plus. Je me flatte Monsieur que Vous n'aurez point de regret à parcourir du moins la quatrieme partie qui traite des grandeurs d'une façon bien plus detaillée qu'on ne l'a fait dans l'ontologie jusqu'a presant. Un des resultats de ces recherches qui ne sera pas fort du gout des Metaphysiciens ἀγεωμετρητῶν et qui n'en est pas moins vrai, c'est que quelque peine qu'un metaphysicien ou Philosophe se donne pour mettre en ordre et pour donner de la liaison à ses idées abstraites, tout y sera encore plein de Confusion, des quil ne les developpe pas au point que le Mathematicien puisse tout de suite y appliquer le Calcul, la regle et le compas. Ce theoreme me fit außi voir clair, pourquoi les connaissances historiques, philosophiques et mathematiques ne different que par degré et non en espece et que ce n'est pas par intervalle que ces trois connoißances doivent être separées l'une de l'autre, mais que réellement le philosophe doit poußer ses recherches jusques là où le mathematicien commence les siennes, tant dans la mathématique pure que dans l'appliquée. Cela me fit voir qu'il y a encore beaucoup à debrouiller dans les idées abstraites, et qu'il y en a même qui doivent être entierement rejettées pour faire place à d'autres qui soient mieux triées et mieux partagées, ou mieux distribuées.

J'ai l'honneur d'être avec un parfait Respect

Monsieur

Berlin ce 20. Avril 1771. Votre tres humble et très obeißant Serviteur.

XVII.

Lambert an Kaestner
3. März 1772.

Monsieur

Je ne pouvois gueres Vous envoyer la piece cy jointe sans Vous dire ce qui en est. Au moi de Decembre paßé l'Auteur en arrivant ici, vint tout de suite me dire qu'il a trouvé une langue generale. Cela occasiona tout de suite un entretien dont voici quelque extrait.

Demandes.	Reponses.
Est-ce une langue qu'on peut parler?	Chacun peut la lire dans sa langue naturelle.
Y faut-il une clef?	Oui.
Combien y a-t-il de characteres primitifs?	Environ 400.
Combien de particules derivatives?	Environ 40.
Les characteres sont-ils ressemblans aux choses?	Il y en a plusieurs.
Mais les autres sont-ils arbitraires?	Ils sont choisis suivant certaines regles.
Y-a-t-il des sens figurés?	Oui beaucoup.
Est-ce que ces caracteres s'impriment facilement dans le mémoire?	Oui, parce qu'ils sont choisis par principes et faciles à tracer. —
Pourrois-je en voir quelque chose?	Non parceque le scret seroit éventé
E. c. t.	E. c. t.

Ces questions continuerent d'être faites quelques Jours de suite. Il souhaitoit que l'ouvrage fut imprime aux fraix des Souscrivans. La dessus il me fit voir quelques exemples et le commencement de L'Ouvrage. Je fis donc circuler un programme où je rapportai ce que j'etois parvenu à entrevoir et les conditions pour la souscription. Environ 25 Souscrivans fournirent les fraix contre un certain nombre d'Exemplaires que chacun prendroit pour la quote part à raison de ce qu'il avoit fourni. Voila donc l'ouvrage imprimé. Ce sera aux Connoißeurs à voir s'ils voudront souscrire pour le grand ouvrage que le Sr. Kalmar compte de faire imprimer, et qui ne laißera pas de meriter l'impreßion, ne fut — ce que parceque c'est un phenomene pour la Republique des Lettres.

Votre dissertation sur le Symbole de Ticho Brahe, de même que le premier Volume des memoirs allemands de la Societé Royale me sont parvenus. Je Vous en remercie, Monsieur, et s'il me survient quelque chose, qui puisse trouver la place dans la continuation de ces memoires, je me ferais un plaisir de Vous l'adresser. A paques paroitra un nouveau tome de mes Beyträge. L'affaire des tables continue d'aller son train. Je suis avec un parfait Respect

Monsieur

Berlin ce 3 Mars 1772.

Votre tres humble et tres obeißant Serviteur.

XVIII.

Kaestner an Lambert.

Monsieur

Je vous dois infiniment de remercimens pour l'ouvrage de Mr. Kalmar. J'avois preparé un extrait de ce livre pour nos gazettes, mais on en a chargé quelqu'autre qui s'aplique plus à l'étude des langues que moy. Il faut avoir ce qu'il en fera, j'ai songé au moins qu'il n'en sera parlé desavantageusement. La sagacité de M. K. et l'etenduë de ses connoissances meritent de l'estime; il me paroit pourtant qu'il distingue ses signes par trop de minuties qui demandent une attention trop scrupuleuse, et qui donneroient occasion à une infinité de meprises si ses caractères sont tracées par des mains savantes, à l'ordinaire peu accoutumées à former des caracteres lisibles; voyez p. e. combien petite est la difference qu'il met entre vita et mors.

2⁰. Touts ces inventeurs de caractères universels les choisissent chacun selon les etudes qui lui sont les plus familieres, de sorte qu'un caractere qui paroit tres naturel à l'un de ces inventeurs ne paroitra de même à l'autre. D'ou il suit que ceux qui ne sont pas savans et même les savants qui n'auront pas les connoissances de l'inventeur trouveront ces caracteres beaucoup plus difficiles à retenir qu'il s'imagine.

3². Je ne vois pas assez de Systeme dans les caracteres de M. K. p. e. il me semble que pour des caracteres philosophiques il falloit toujours un certain signe qui marqueroit l'opposition des idées. Ainsi si je considère la mort comme opposée de la vie je crois qu'il la falloit ecrire ainsi — V.

Cela me conduit à la remarque

4⁰. L'opposition est souvent assez arbitraire. Deux notions sont opposées dans une certaine consideration qui ne le sont pas dans une autre. Les classes des notions sont arbitraires et se changent selon la manière de les raporter à nous. Le même animal est le Roy des quadrupedes pour les poëtes et un chat pour les naturalistes. Faut il le designer comme chat ou comme Roy? Cette maniere differente de considerer les choses est indispensable parceque nous ne connoissons les choses que par raport à nous, et je crois que c'est là le plus grand obstacle du langage philosophique de Leibniz et des inventeurs semblables.

J'ai ordonné de Vous faire tenir Monsieur le second tome de mes oeuvres melées.

Je suis avec la consideration la plus distinguée

Monsieur

Gottingue
ce 6 du May 1772.

Votre tres humble et tres obeissant serviteur

Kaestner.

XIX.

Lambert an Kaestner
20. Oktober 1772.

Le 2^0 Vol. des Vos Oeuvres melées m'a eté remis et m'a fait beaucoup de plaisir. Je Vous prie de vouloir bien agréer mes remercimens.

J'espere que le Libraire Vous aura fait parvenir un exemplaire du troisieme volume de mes Beyträge. Du moins il me l'a aßuré.

Je viens de trouver une belle occasion pour executer une idée du feu Mr. Mayer au sujet des melanges des Couleurs. Leonard de Vinci l'avoit d'éjà eue mais le Calcul des Combinaisons lui manquoit. M. Mayer s'en servit avec succès quoiqu'après tout il semble laisser encore differens points indeterminés. Après ce que j'ai fait, je crois que si son memoire s'est perdu on aura plus sujet de le regretter. J'ai dit au libraire de Vous faire parvenir un exemplaire de ce que j'ai publié là dessus sous le titre de Farbenpyramide. Car il me falloit changer en pyramide ce que Mr. Mayer avoit proposé en triangles.

Les remarques que Vous faites, Monsieur, sur la grammaire universelle de Mr. Kalmar, me paroißent fort justes. S'il faut en juger sans prevention, on accordera qu'il a fait beaucoup mieux et qu'il est allé beaucoup plus loin que tous ceux qui l'ont precedé. Ce n'est pas même un grand éloge. Son ouvrage meritoit toujours d'être imprimé.

Il ne me paroit pas être audessous de la Critique et dans une matiere semblable c'est dejà beaucoup. Ce qui m'a parut être le mieux imaginé, c'est la façon de designer les Verbes suivant toutes les modifications et la maniere de faire paßer un même Signe par les differentes partes orationis. Parmi ses primitifs il y a plusieurs, qui ont une ressemblence très masquée avec la chose elle même.

Mais je n'ai garde d'applaudir aux Choix qu'il a fait de ses primitifs. J'ai insisté fortement sur ce qu'il en donne la liste, mais il l'a constamment refusé. Jusques là la grammaire est purement grammaire à l'exception des caracteres qu'il produit enforme d'exemples, et que je me suis proposé d'extraire et de mettre en quelque ordre afin de voir si pour les choisir il a suivi des regles plus ou moins generales.

Je lui avois dit encore que ses caracteres et toute sa grammaire est plutot accommodée aux Langues humaines qu'aux choses elles-mêmes ou bien plutot philologique que philosophique, et que c'étoit pourtant ce dernier point que Leibniz avoit en vue. Il ne pouvoit en disconvenir, mais il dit, qu'il ne m'avoit pas encore fait tout voir. Cela se peut bien mais il devoit en faire entrevoir plus qu'il ne l'a fait dans sa grammaire. Cela en auroit considerablement relevé le prix et le merite.

Du reste il faut convenir que les langues nous attachent trop aux idées complexes et confuses, que les paroles dessignent, quoique dans le fond nous ne les employons que parce que nous n'en avons pas de mieux choisies. Il n'y a qu'à voir p. e. ce que c'étoit que la physique avant qu'on ait connu les loix du mouvement et avant qu'on y ait appliqué le Calcul. Alors le mouvement circulaire paroißoit aussi naturel que le mouvement rectiligne e. c. t.

Le P. Hell avoit promis dans le Prospectus de son Expedition litteraire de faire voir, comment on peut calculer la hauteur du Baromètre pour un jour quelconque donné. Ses Correspondents l'ont prié de leur en dire quelque chose. On me marque qu'il s'excuse et declare qu'il n'en publiera rien tant parceque des raisons politiques l'en empechent que parce que quelqu'un qu'il doit respecter ne le veut pas. Cela me fait croire qu'il s'est trompé qu'il ne veut pas retracter sa promesse außi solenellement qu'il l'a faite et que pour en être dispensé il a prié son Cl. Superieur de lui defendre d'en dire quoique ce soit.

J'ai l'honneur de e. c. t.

20. Oct. 1772.

P. S. Mr. Tempelhoff Capt. Lieut[t]. d'artillerie vient de traduire en allemand mes Routes de la Lumiere publiées à la Haye en 1758. Peut être que le libraire Vous en fera tenir aussi un exemplaire. Mais je ne le sais pas n'ayant eu aucune part à cette Traduction.

XX.

Kaestner an Lambert.

Monsieur

C'est sans doute à Votre assuduité infatigable que nous devons la plus grande partie de l'arrangement que l'Acad. Royale a pris pour la publication des Ephemerides. Je ne sais pas si Mr. Hell en sera tout à fait content, mais il s'en doit prendre à sa lenteur, ou au moins à celle de son libraire. D'ailleurs on n'est pas accoutumé à Berlin de se regler sur Vienne. Vous recevrés avec cette lettre le second volume de mes dissertations astronomiques.

J'ai l'honneur d'être avec infiniment d'estime

Monsieur

Votre tres humble et tres obeissant serviteur

Kaestner.

à Gottingue
ce 20 d'Avril
1774.

XXI.

Kaestner an Lambert.

Monsieur

Je souhaite que le livre que j'ai l'honneur de Vous envoyer se trouve digne de Votre approbation. J'ose encore Vous demander la faveur de prêsenter l'autre Exemplaire à l'Academie Royale avec mes tres humbles Respects etant avec infiniment d'estime

Monsieur

à Gottingue ce 1. d'Octobre 1775.

Votre tres humble et tres obeissant serviteur

Kaestner.